李杬周　　荷兰瓦格宁根大学植物营养学专业硕士，韩国首尔大学土壤化学专业硕士、植物营养学专业博士。在韩国首尔大学、成均馆大学等多所大学教授土壤学课程，他将复杂的土壤与肥料知识讲解得通俗易懂，在土壤研究方面颇有名气。

韩相言　　主要致力于童书绘画创作工作，独创的绘画特点和幽默的绘画表现手法让小朋友们在读书的过程中充满了快乐。他在绘制这本书的过程中，为了亲身体验土，亲自去摸土、闻土的味道，还种植了蔬菜，并将其中的心得体会融入到创作中，完善自己的绘画作品。

这本书有 **7** 个有趣的部分哦！

神奇的 自然学校

泥土不简单

自然学校

（韩）李杬周　著
（韩）韩相言　绘
珍珍　译

辽宁科学技术出版社
·沈阳·

土是脏的还是干净的？

神奇的泥土

呀！你的脸怎么了？

哈哈，我去参加洗泥浴活动，新学的养生方式。

还有洗泥浴这么特殊的活动？

对呀，大家一起洗泥浴，玩儿泥土。

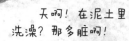

天啊！在泥土里洗澡？那多脏啊！

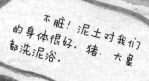

不脏！泥土对我们的身体很好。猪、大象都洗泥浴。

自然界有的动物甚至靠吃泥土为生。

摸摸我的脸！

哇！变得更加嫩滑了！

真的吗？

一种生活在非洲的黑猩猩会将植物与泥土混合在一起吃。

哇！好神奇啊。但是为什么要吃泥土呢？

泥土可以帮助它们清除体内的寄生虫，补充矿物质。

泥土还有这么神奇的功效？

你在干什么？

多拿一些土，回家继续研究……

看一看我们生活的土地上都有什么？
盖满大高楼的城市里，大部分土地都被混凝土覆盖着。
不过，到公园或者草地上，很容易就可以找到泥土了。

8

种植植物需要土，那么土是怎样形成的呢？

有一种推测是：

岩石被击碎变成石块，石块被击碎变成石子，石子被击碎变成石粒，最后石粒被击碎变成沙土。

土真的是这样形成的吗？

9

不是这样哦！

土不是单纯的石头粉，而是有养分的颗粒。

从过去到现在，土里的养分是经过漫长的时间积累才形成的。

形成1厘米厚的土层需要几百年甚至上千年的时间。

在风、雨、阳光等因素的作用下，岩石逐渐碎裂的过程叫风化。

土里的养分是经过漫长的时间积累才形成的。

表土层

底土层

基岩

基岩

表土层：具有有机残落物和养分的土粒堆积而成的表层土壤。

心土层：表土层土壤在雨水冲刷或人工灌溉的作用下，会有多种成分溶解、渗透到这一层土壤。

底土层：岩石碎裂后变成的石子聚在这里。

基岩：尚未碎裂的岩石。

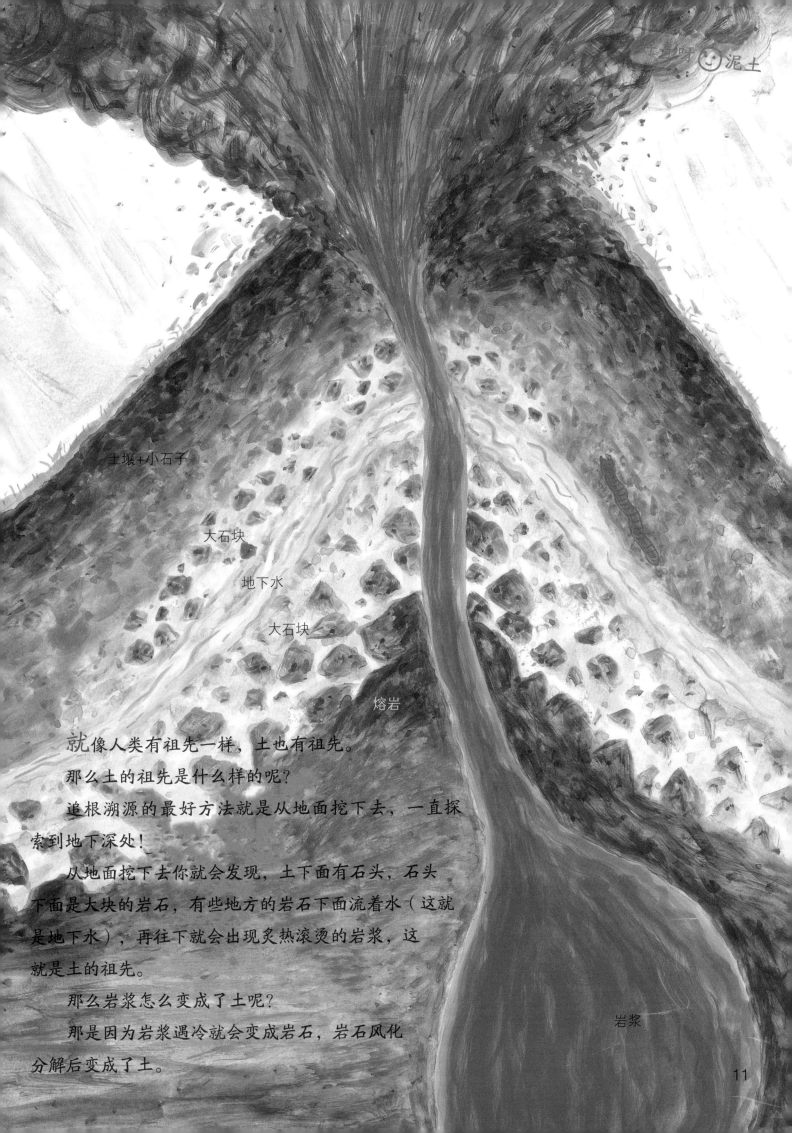

土壤+小石子

大石块

地下水

大石块

熔岩

就像人类有祖先一样，土也有祖先。

那么土的祖先是什么样的呢？

追根溯源的最好方法就是从地面挖下去，一直探索到地下深处！

从地面挖下去你就会发现，土下面有石头，石头下面是大块的岩石，有些地方的岩石下面流着水（这就是地下水），再往下就会出现炙热滚烫的岩浆，这就是土的祖先。

那么岩浆怎么变成了土呢？

那是因为岩浆遇冷就会变成岩石，岩石风化分解后变成了土。

岩浆

11

岩石、土和岩浆共同构成了我们现在生活的大地。

土与岩石不同，它是有生命的。

土有生命，是什么意思呢？

正如人们吸入氧气，呼出二氧化碳一样，土也会呼吸。

土的颗粒里有我们肉眼无法看到的微小生物，这些微小生物靠呼吸生存，因此土就有了生命。

正因如此，草、树、昆虫和动物等各种各样的生命体才可以依靠土生长和生活。

土可以让水更好喝？

水的味道和品质与土有着密不可分的关系。

雨水落到地面后，会渗透到地底下，成为地下水的一部分。人们会抽取地下水饮用。其实，雨水是没有任何味道的。但是雨水落到地面后，会与植物的叶、根、茎相遇，渗透进土壤的过程中也会有各种矿物质溶入水里，雨水就这样摇身一变，成了口感不同的矿泉水。

15

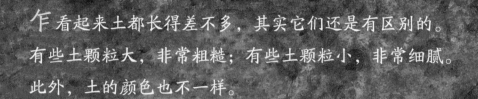

乍看起来土都长得差不多，其实它们还是有区别的。
有些土颗粒大，非常粗糙；有些土颗粒小，非常细腻。
此外，土的颜色也不一样。

这里的土颗粒大，很粗糙。

沙子
（直径为0.05~2毫米）

粉土及淤泥粒
（直径为0.005~0.05毫米）

黏土
（直径小于0.005毫米）

这里的土很细腻，而且湿润。

放大50倍后观察的土颗粒。

16

不同的地方，土的颜色不同。城市里很容易见到棕色的土。

但进入森林，就会发现黑色的土。还有些地方的土是红色的、白色的或黄色的。

中国湖南省的黄贡椒久负盛名，这样的辣椒喜欢生长在黄色的沙质土中。

森林中的黑色土壤里富含很多养分，这些养分的主要来源是落叶。

红色土之所以呈现红色，是因为长时间被雨水冲刷，在土里留下了很多铁元素。

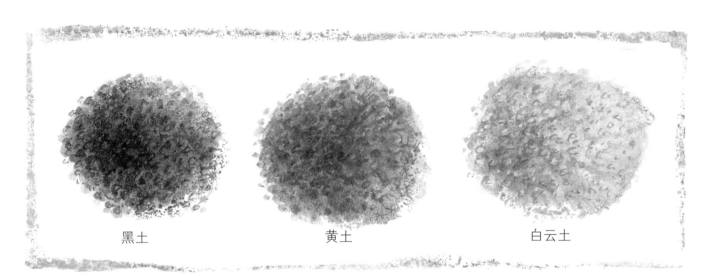

黑土　　　　　黄土　　　　　白云土

用来烧制陶瓷的白色或灰色的土叫作高岭土或白云土，盛产于我国广东、陕西、福建、江西、湖南和江苏等地。

用这种土可以做陶瓷、化妆品和纸。

景德镇的高岭土在全世界都很出名。

土也有"鼻孔"？

　　土是岩石在风化作用下形成的，但是岩石变成土之后，所占的空间是原来的好几倍，这是怎么回事呢？

　　原来，每一粒土颗粒之间都有缝隙，这个缝隙为空气和水提供了空间，让土壤里的生物能够生存。

　　植物会在这些缝隙中生根，茁壮生长。

　　氧气和二氧化碳在缝隙中循环着，就像人们的鼻孔在呼吸一样。

　　正因如此，土壤才成为了生物的生长基地。

二氧化碳

植物的根

土壤被踩得太实，土颗粒之间的缝隙就会变小，土壤中的植物根部生长所需的空气和水的含量就会减少。

空气

有营养的土颗粒

水

土壤中含有大量的二氧化碳，有许多植物的根和微生物在土里生存。

蚯蚓是给土壤制造"鼻孔"的小生命，对土壤有着非常重要的意义。

它们勤劳地游走在土壤里并开辟道路。

别看它们身体细小，却可以挖出1～3米深的地洞。

蚯蚓开辟的道路为空气的循环和水的储藏提供了更多空间。

同时，蚯蚓吃完土后会拉出黑色的便便，这是让土壤变得肥沃的天然养料。

植物生长在排水性好、空气流通性好的土壤里，自然就不容易生病，变得更健康了。

土在我的肚子里消化后再排出来，就会变成植物容易吸收的养分，它的营养成分比原来的土本身高出很多，这是植物长得更健康的秘诀之一哦！

我喜欢空气流通性好的土壤。

通过我开辟的道路，有害气体和二氧化碳更畅通地向外排出，同时利于新鲜空气流入。

土会死亡吗？

农民伯伯们通常将农耕收获不好的土称为"死土"。

然而土是不会死掉的，因为土里生活着无数微生物。

正是因为这些微生物的存在，人类才能在土里栽培农作物。

原始时代，人们用石锄刨地，种谷物和蔬菜。

农耕时代，人们利用家畜耕地，种植农作物。

沙子含量高的土壤，虽然耕种起来会比较轻松，但是无法储存足够的养分和水分。因此，用于农耕的田地最好是沙子和黏土各占一半的土壤。

现在，人们用拖拉机等各种农机设备来种地。

树叶里有氮、磷等多种成分，当树叶被分解掉后，这些成分溶进水里，被植物的根部吸收，这样，植物就能更好地生长了。

现……在……我也将与树叶一起回归到地里了。

你观察过秋天的景象吗？

树叶落到地上，枯草和死掉的昆虫被尘土覆盖后，微生物会把它们分解掉，变成土壤中的营养成分，慢慢被储存起来。

树和草通过吸收土壤里的养分生长。

昆虫和动物通过吃新鲜的草或果实生活。

动物的排泄物和尸体又被尘土覆盖，微生物会将它们分解掉，植物再吸收土壤里的养分生长。

就这样，在土壤的作用下，小生命们可以循环共生。

土壤好，所以果实结得好。

草很新鲜。

妈妈，我拉便便的地方，草长得很茂盛。

土地可以养育一切

土地可以默默地接纳一切。

无论是天空中飘落的雨滴还是吃剩的饭菜，只要进入土地中，微生物就会把它们彻底分解掉，形成养分。

土地可以储存雨水，供给植物。

将可用作饲料的食物残渣（如菜叶、菜根等）埋入土地中，微生物就会将它们分解掉，形成养分，让土地变得更加肥沃。但微生物无法分解掉饮料罐、塑料瓶、塑料袋等，因此不能把这些埋进土地里。

土可以给蔬菜、谷物等植物提供水分和养分，让它们茁壮生长。可以说，土就是植物的母亲。

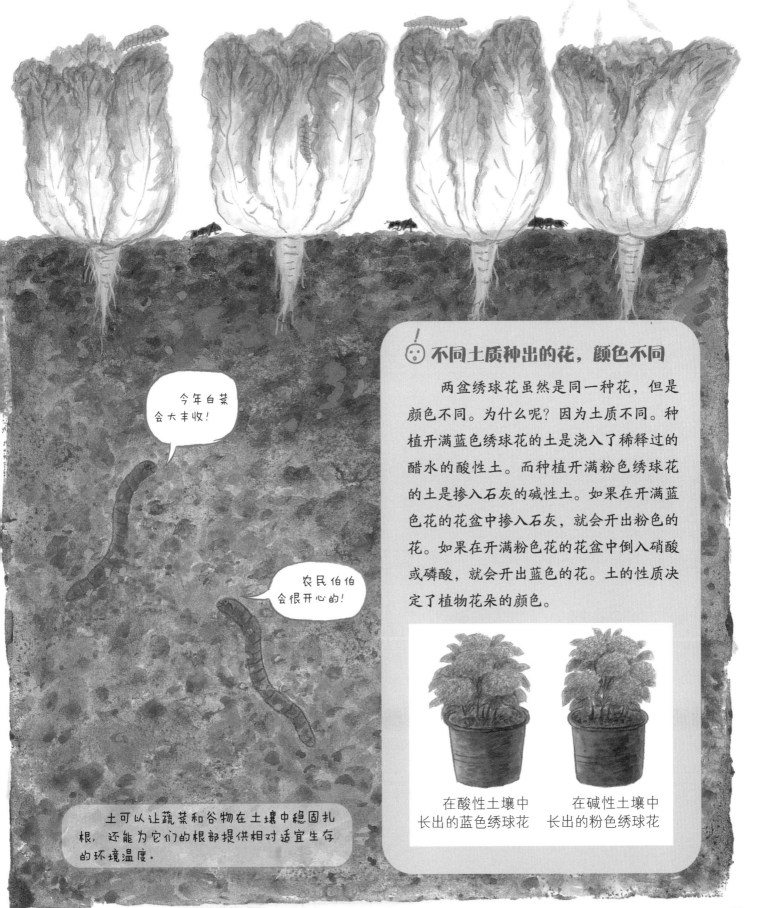

今年白菜会大丰收！

农民伯伯会很开心的！

😮 不同土质种出的花，颜色不同

两盆绣球花虽然是同一种花，但是颜色不同。为什么呢？因为土质不同。种植开满蓝色绣球花的土是浇入了稀释过的醋水的酸性土。而种植开满粉色绣球花的土是掺入石灰的碱性土。如果在开满蓝色花的花盆中掺入石灰，就会开出粉色的花。如果在开满粉色花的花盆中倒入硝酸或磷酸，就会开出蓝色的花。土的性质决定了植物花朵的颜色。

在酸性土壤中长出的蓝色绣球花

在碱性土壤中长出的粉色绣球花

土可以让蔬菜和谷物在土壤中稳固扎根，还能为它们的根部提供相对适宜生存的环境温度。

植物喜欢的土

　　树和草可以在任何一个地方生长吗？并不是。

　　植物会挑选水分和养分都适合自己生长的地方扎根。

松树喜欢生长在干燥的土壤里。

杜鹃喜欢生长在高海拔地区的酸性土壤里。

水稻喜欢生长在灌满水的田地里。

柳树喜欢生长在潮湿的土壤里。

西瓜喜欢生长在江边沙地里，这里排水很好。

松树能够在土壤较为贫瘠的地方生存，而橡树喜欢生长在土壤肥沃的地方。

很多地方的河边都种着柳树，这是因为柳树喜欢生长在潮湿的土壤里。

通过一个地方生长的植物，我们就可以判断出当地土壤的状态。

> 高高耸立的岩石上有一棵松树牢牢地扎根在这里。

> 在高山上，最常见到的就是松树和杜鹃。

黏土可以用作种植水稻。黏土空气流通性不好，虽然耕地比较困难，但是可以很好地存储养分和水分。

不同的国家，土质不同

因为所处地域和环境的差异，不同国家的土质也有所区别。有些国家的土质非常好，而有些国家的土质就比较贫瘠。

中国可用来耕作的土地只占国土面积的15%左右，因此国家大力倡导植树造林，树木能涵养水土，让土地变得更加肥沃。

地广人稀的美国很多地区都是肥沃的黑土地，可用作耕地的面积占国土面积的20%左右。

日本很多地区的土地也是黑色的，由火山灰风化而成，营养成分含量很高，更适合农耕。

我们的祖先们是如何在贫瘠的土地上耕作，并以此维持生计的呢？
他们不断地翻地、施肥，让土地变得更加健康肥沃。
天然肥料是用动物的粪便和草混合后做成的，是土地的极佳补品。

可以将稻草、落叶或家禽的排泄
物混合后做成肥料，也可以将米糠、
麻渣等撒入土里，让土变得肥沃。

注：麻渣是亚麻、芝麻等种子榨油后留下的渣滓。

将花盆中装入土和蚯蚓，再放一些食物
残渣作为蚯蚓的食物，这样蚯蚓就能排泄出
营养丰富的便便，让土变得肥沃，在这样的
土中植物就会长得更好。

土的各种用途

　　土是植物、动物、微生物等多种生命体存活的基地，还可以用来做各种各样的东西呢！

　　有些化妆品就含有土的成分呢！

　　滑石粉是用天然滑石研磨成的粉末状物质，很多粉底、口红等化妆品中就含有这种成分。滑石粉不溶于水，而且很细腻，可以在皮肤表面很好地涂抹开。

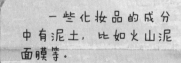

一些化妆品的成分中有泥土，比如火山泥面膜等。

土面霜

火山泥面膜

天然矿物香皂

你有没有拿用黏土做的各种东西玩儿过"过家家"呢？
用土可以做各种瓷器、贴在墙面的瓷砖、玻璃和乐器等。

我们在文具店可以买到的黏土是土颗粒非常小且黏土含量占60%以上的土，所以黏性也较强。

你要用黏土做什么？

黏土捏成形后，在800℃左右的高温下可以烧制成花盆、坛子等器皿；在1000℃以上的高温中烘烤，可以烧制成碗、瓷砖、玻璃瓶等器皿。

花盆、坛子
800℃左右

碗、瓷砖
1300℃左右

玻璃瓶
1450℃左右

埙（xūn）是中国古代乐器，它的早期雏形是狩猎用的石头，后来演变成用陶土烧制成的一种吹奏乐器。

缶（fǒu）也是中国古代乐器之一，与埙一样是由陶土烧制而成的，形状像火盆或瓦罐。

陶笛的声音真悠扬。

陶笛、埙、缶这些用黏土烧制而成的乐器发出来的声音都很清透质朴。

29

土可以用来建房子。土颗粒间有肉眼看不见的缝隙，可以起到保温作用，这样屋子里的温度就不会因为天气原因而急剧变化。因此土房子也叫作会呼吸的房子。

孩子们，你们感觉这里怎么样？

老师，房间里好凉快呀！

在沙漠里，人们会用泥土建房子，这里的房子墙砌得很厚，白天温度高的时候，可以阻挡外面的热气，夜晚温度低的时候，可以防止室内的热气向外流出。

白蚁搭建的土房子非常坚固，不容易倒塌。室内的温度不受室外温度的影响，恒定在30℃左右。

白蚁不仅会在地里、树中建房子，还会在地面上建房子。地面上建的房子叫作蚁蚁塔。有些蚁蚁塔可高达6米以上。

在中国古代，有一种非常神奇的染色技术——用土为布料染色。

土染布没有化学成分，天然健康，并且能够安神助眠，改善肤质，对我们的身体十分有益。

泥土颜色不同，染到布上的颜色也不同。

用红色土染布做成的衣服

用黄色土染布做成的衣服

中国广东省顺德地区出产的高级绸缎香云纱在染色过程中就用到了泥土。

用黑色土染布做成的衣服

土的香气

进入森林，就会呼吸到清新的空气，那是因为树木和泥土对空气起到了净化作用。炎热的夏天，在院子里的土地上洒水，就可以闻到泥土的气息，那其实是生活在泥土中的放线菌的味道。

放线菌

一起来玩儿土吧！

土在我们的生活中随处可见，我们可以就地取材用土做出有趣的玩具！在土里加一些水并搅拌就成了泥水，可以用泥水来画画，还可以将布料浸入到泥水里进行染色。

通过有趣的游戏，我们能进一步认识土的特征。

用泥水画画

① 在塑料盆中装入土.

② 不同的地方，土的颜色不同。将不同颜色的土分别装入塑料盆中，倒入水进行搅拌，做出不同颜色的泥水染料。

③ 用泥水在白色的画纸上尽情地画图，还可以印上自己的手印和脚印。

用土制作蚯蚓

① 在干燥的土里倒入适量的水，搅拌。

② 用手将土搅拌均匀，做成黏土。

③ 想象着蚯蚓的样子，用双手将黏土揉搓得又细又长。

我的蚯蚓最长哦！

④ 在蚯蚓的身上，画出皱纹。

⑤ 比比我们谁做的蚯蚓最长。

用黄土泥水染色

① 准备黄土和布料：最好选用含水量高的黄土和纯棉的布料。

② 调配黄土泥水：将黄土泡进温水中，将土块儿捏碎。

③ 上色：在黄土泥水里加入一点点盐，再将泥水煮开，将晾干的布料放进黄土泥水里，揉搓20分钟，在太阳光下暴晒。多次重复这个过程，待均匀上色后将布料晾干，再用清水清洗干净。

④ 在制作过程中可以用橡皮筋捆绑或用木筷子按压，在布上印出花纹。

用土盖房子

① 去沙子或土比较多的海边、河边、或者游乐场。

② 在土里挖出坑。之后将一只手伸进坑里、用另一只手把土或沙子盖在手背上、盖出房子。

③ 把房子盖得圆圆的，再敲打几下，让房子更加牢固。

④ 轻轻地抽出手，以免盖好的房子倒塌。

土也会消化不良

　　土中的微生物分解能力超强，它们可以让死去的昆虫或腐烂的落叶变成养分。所以人们会把垃圾埋进土里。但土的分解能力也是有限的，就像给植物太多的肥料，植物会生病，我们吃太多食物，会拉肚子一样，土也会消化不良。

土很痛苦

　　塑料袋、塑料瓶、玻璃、铁这些东西无法被微生物分解掉，所以如果把它们埋进土里，它们就会永远留在那里，造成土壤污染。

由于我们无法通过肉眼直接看出土壤是否被污染，因此人们并没有意识到土壤污染的严重性。如果土壤被铜、铅、铝等金属污染，那么长出来的谷物和蔬菜就会被污染，人吃了被污染的谷物和蔬菜之后，这些对身体有害的物质就会随之进入我们的身体里，损害身体健康。同时，土壤污染也会对水和空气造成影响。一旦土壤被污染，就很难再变得干净。

垃圾分类，从我做起

你有没有随手就将饼干袋、饮料瓶扔掉过？这些都可能造成土壤污染。所以我们一定要养成随手带走垃圾并进行分类处理的好习惯。

提起大自然你会想到什么？水、空气和泥土？还有树和草？没错哦！那你想想，树和草在哪里生长呢？它们扎根在泥土里。所以我们要想了解自然，就需要了解泥土。说起关于土的知识，别说是小学生，就连在土地里劳作的农民伯伯也很难讲得详尽。那是因为，有更多、更广阔的土地我们还没有探索到。

就像没有了水和空气我们就无法生存一样，生活中我们也离不开泥土。细心研究土，你就会发现很多神奇的事情。土就像妈妈一样，带有女性的特征，可以包容一切，孕育新的生命。即使人类向土中扔进有害垃圾，"她"也会欣然接受，并对这些垃圾进行分解。但是人类过度依赖"她"的接受能力，抛给"她"超负荷的垃圾，导致"她"生病，无法孕育健康的蔬菜和谷物。

土壤的治理方法有很多种，中国的扬州大学成立了中国国内首个"土壤医院"，为全国土壤修复治理提供示范。土壤科学家会分析土壤并加入合适的肥料，治疗那些生病的土壤，让农民伯伯可以更加安全地耕种。除了帮助农民伯伯外，"土壤医院"还可以帮助城市居民解决花草种植方面的难题。

在土壤的世界里，每天都会发生神奇的事情。让我们行动起来，爱护赖以生存的土地，让这神奇的世界更加生机勃勃、健康美好！

李杭周

| 神奇的
自然学校
（全12册） | 《神奇的自然学校》带领孩子们观察身边的自然环境，讲述自然故事的同时培养孩子们的思考能力，引导孩子们与自然和谐共处，并教育孩子们保护我们赖以生存的大自然。
主题包括：海洋/森林/江河/湿地/田野/大树/种子/小草/石头/泥土/水/能量。 |

©2021辽宁科学技术出版社
著作权合同登记号：第06-2017-55号。

图书在版编目（CIP）数据

神奇的自然学校. 泥土不简单 /（韩）李杬周著；（韩）
韩相言绘；珍珍译. —沈阳：辽宁科学技术出版社，2021.3
ISBN 978-7-5591-0827-2

Ⅰ. ①神… Ⅱ. ①李… ②韩… ③珍… Ⅲ. ①自然科
学—儿童读物②土—儿童读物 Ⅳ. ①N49 ②P642.1-49

中国版本图书馆CIP数据核字（2018）第142358号

出版发行：辽宁科学技术出版社
　　　　　（地址：沈阳市和平区十一纬路25号　邮编：110003）
印 刷 者：凸版艺彩（东莞）印刷有限公司
经 销 者：各地新华书店
幅面尺寸：230mm×300mm
印　　张：5
字　　数：100千字
出版时间：2021年3月第1版
印刷时间：2021年3月第1次印刷
责任编辑：姜　璐　马　航
封面设计：吴晔菲
版式设计：李　莹　吴晔菲
责任校对：闻　洋　王春茹

书　　号：ISBN 978-7-5591-0827-2
定　　价：32.00元

投稿热线：024-23284062
邮购热线：024-23284502
E-mail：1187962917@qq.com